PORSCHE
CARRERA

LECHNER

Wir bedanken uns sehr herzlich bei der
Porsche AG, Stuttgart, für die Bereitstellung
von Text- und Bildmaterial.

Text und Zusammenstellung: Heike K. Foltys. Covergestaltung: H. + C. Waldvogel.

Printed in E.E.C.

ISBN 3-85049-068-8

Carrera 4
S KC 3798

Inhaltsverzeichnis

6

Beginn der 911-Ära

7

Der erste Porsche 911, damals noch 901 genannt, im Jahr 1963

S-KK 9786

S KK 2192
S KL 3322
S KL 3321

13

Den Carrera 2 und die neue Tiptronic stellte Porsche im Oktober 1989 vor.

Der 911 Carrera 2 und 4 steht in drei Modellen zur Verfügung: als Coupé, Targa und Cabriolet.

Porsche 911
Carrera 2 und Carrera 4

16 PORSCHE CARRERA, ein Name und eine Marke, die für Exklusivität, Eleganz, klare Linien, Beständigkeit, Fahrerlebnis, ja sogar für ein Stück Lebensgefühl steht.

Ein Wagen, den man fasziniert im Rückspiegel beobachtet, wie er sich nähert, um dann mit dem unverwechselbaren Porsche-Sound vorbeizuziehen.

Im Herbst 1988 stellte sich der Porsche 911 Carrera 4 – die Bezeichnung Carrera gibt es seit 1983 – der internationalen Presse vor. Eine bereits 26 Jahre dauernde Ära wurde damit fortgesetzt. Entsprechend glanzvoll war der Einstieg. Als „Der beste 911 aller Zeiten" und sogar als „Das beste Auto der Welt" wurde er gefeiert. Lange vor Produktionsbeginn im Frühjahr 1989 war der Wagen auf ein Jahr hin ausverkauft. Im Modelljahr 1990 präsentiert er sich mit dynamisch gesteuertem Allradantrieb und teilgekapseltem 250-PS-Motor.

Optisch ist der 911 Carrera 4 mit den herrlichen zeitlosen Formen, die allen modischen Trends getrotzt haben, vertraut. Im Heck schlägt das Herz des Wagens: ein Doppelzündungsmotor mit 3,6 Liter Hubraum und einer Höchstleistung von 250 PS bei 6.100 U/min. Damit ist er der stärkste bisher in der 911-Reihe serienmäßig eingebaute Saugmotor. Für alle Länder mit Bleifrei-Kraftstoff wird der Motor serienmäßig mit Katalysator geliefert.

Die Teilkapselung, mit der Porsche alle demnächst noch anstehenden Geräuschvorschriften im voraus erfüllt, verändert nichts am unverwechselbaren Sound des luftgekühlten Boxermotors. Zugleich verbessert sie durch ihre Glattflächigkeit die Aerodynamik am Wagenboden und hält darüber hinaus den Schmutz fern. Dadurch hat der 911 Carrera 4 einen der verschmutzungssichersten Motorräume, die es je gegeben hat.

Weitere Neuerungen kommen beim 911 Carrera 4 zum Einsatz:

- Anstelle eines mit Keramik beschichteten Katalysators wird ein Metall-Katalysator eingesetzt. Er ist robuster, springt in der Warmlaufphase schneller an und reduziert den sonst vorhandenen Leistungsschwund auf ein Minimum.

- Die Struktur der Bodenanlage und des Fahrwerks wurde dem Platzbedarf des Allradantriebs angepaßt. Dadurch wurde auch der Einbau des Antiblockiersystems und der Servolenkung möglich.

- Zahlreiche Neuerungen an der Karosserieform, z. B. integrierte Bug- und Heckteile, verbessern deutlich die Aerodynamik des 911 Carrera 4 (c 0,32).

- Bisher wurde der Heckspoiler des 911 nur auf Wunsch montiert. Der 911 Carrera 4 hat einen bei stehendem Wagen unsichtbaren und bei 80 km/h automatisch ausfahrenden Heckspoiler. Dabei wird der Kühllufteintritt fast verdoppelt.

- Einen veränderten optischen Eindruck vermitteln die neuen aerodynamisch glattflächigen Leichtmetallräder mit den vergrößerten Öffnungen zur Bremsenkühlung (Größe: vorn 6 J × 16, hinten 8 J × 16; Reifengrößen: 205/55 ZR und 225/50 ZR).

- Porsche stellt im 911 Carrera 4 einen „differentialschlupfgesteuerten" Antrieb aller vier

Räder vor. Das Antriebssystem ist serienmäßig mit einem eigens entwickelten Antiblockiersystem kombiniert, das bis zum Stillstand des Fahrzeugs ständig voll wirksam bleibt.

- Für das Modelljahr 1990 wurden weitere Änderungen am Wagen vorgenommen: Den Geräuschpegel im Innenraum reduziert anstelle eines Einmassen-Schwungrades nun ein Zweimassen-Schwungrad. Dadurch werden Schwingungen des Motors nicht mehr übertragen.

- Neuerungen im Innenraum sind zahlreiche funktionelle Verbesserungen (siehe hierzu auch Seite 44 ff), automatische Dreipunkt-Sicherheitsgurte auf den Rücksitzen, eine vom Fahrersitz aus verstellbare Leuchtenweiten-Regulierung, ein Bordcomputer und als Sonderausstattung eine Klimaanlage.

Der Porsche 911 Carrera 2 ist ein vom Carrera 4 abgeleiteter 911, der zum Modelljahr 1990 mit 250-PS-Motor und Tiptronic-Getriebe ausgestattet wurde.
Optisch und technisch – mit Ausnahme des Allradantriebs – entspricht der 911 Carrera 2 in allen Details dem Carrera 4. Serienmäßig besitzt er Katalysator, ABS, Servolenkung, ein aus zehn Lautsprechern bestehendes Klangpaket, automatische Dreipunkt-Sicherheitsgurte auf den Rücksitzen, vom Fahrersitz aus verstellbare Leuchtweiten-Regulierung und die bei Porsche üblichen Serienstandards wie elektrische Fensterheber, elektrisch verstellbare Sitze sowie beheizbare und elektrisch verstellbare Außenspiegel.
Der 911 Carrera 2 wird im Modelljahr 1990 in allen drei bekannten Variationen produziert: als Coupé, Targa und als Cabriolet (wird nur mit elektrischem Verdeck angeboten).
Ab diesem Jahr wird der Wagen ferner mit einer zukunftsorientierten und auf den Namen Tiptronic getauften Schalttechnologie angeboten. Sie beruht auf den Rennerfahrungen mit dem Porsche-Doppelkupplungs-Getriebe (PDK) im erfolgreichen Rennwagen 962 C. Das neue Getriebe verbindet die Vorteile manueller Schaltbarkeit mit denen des automatischen Lastschaltgetriebes. Dem Fahrer wird ein direkter Eingriff ermöglicht, ohne den Nachteil der Kraftschluß-Unterbrechung, die beim normalen Schaltgetriebe mit dem Ausrücken der Kupplung verbunden ist. Zugleich werden die Nachteile herkömmlicher automatischer Getriebe vermieden. Besonders die unerwünschte Hochschaltung vor und in Kurven sowie die ungenügende Beeinflußbarkeit durch den Fahrer. Dieser kann alle Gänge von Hand anwählen oder mit der „adaptiven Programmsteuerung“ automatisch fahren.

20

Automobilsalon in Brüssel

24

Die Produktion

26

Neben dem Glanz der funktionellen Ästhetik erfreut sich der Porsche-Carrera-Besitzer auch einer großen Werterhaltung seines Fahrzeugs. Das zeigt sich nicht erst bei einem möglichen späteren Verkauf des Wagens. Die vielen technischen Pionierleistungen von Porsche und Besonderheiten bei der Produktion sorgen für diese einzigartige Kombination von Fertigungsqualität und Langlebigkeit, von Stil und Wert. Modernste Fertigungstechnologien und eine große Handwerkstradition gehen dabei Hand in Hand:

- Die Karosserie wird serienmäßig aus beidseitig feuerverzinkten Stahlblechen hergestellt. Deshalb bietet Porsche als erster und bisher einziger Sportwagenhersteller seinen Carrera-Besitzern für die Karosserie eine Zehn-Jahres-Garantie gegen Durchrostung. Und dies ohne Nachbehandlung.

- Die Hohlraumkonservierung und der Unterbodenschutz sind für Porsche eine Selbstverständlichkeit und gehören serienmäßig dazu.

- Die ausgewählten Lacke werden sorgfältig in fünf Schichten aufgetragen. Das ist auch der Grund dafür, weshalb Porsche für die Lackierung eine Drei-Jahres-Gewährleistung übernimmt.

- Darüber hinaus erhalten Porsche-Carrera-Besitzer auf das gesamte Fahrzeug eine Gewährleistung von zwei Jahren ohne Kilometerbegrenzung.

Es zeigt sich also, daß der größere Aufwand bei den Materialkosten und im Herstellungsprozeß dem Carrera-Besitzer voll zugute kommt.

Carrera 2
S JZ 6892

34

Die Technik der Zukunft

Technische Daten 911 Carrera 4

Karosserie:	zweitürige Coupé-Targa-Cabriolet-Karosserie, Heckspoiler ausfahrbar
Motor:	luftgekühlter Sechszylinder-Viertakt-Boxermotor, Trokkensumpfschmierung, geregelter Dreiwege-Katalysator
Bohrung:	100 mm
Hub:	76,4 mm
Hubraum:	3.600 ccm
Verdichtung:	11,3 : 1
Motorleistung:	184 kW bei 6.100 U/min (250 PS)
max. Drehmoment:	310 Nm bei 4.800 U/min
Kraftübertragung:	Motor und Getriebe im Heck, mittels eines Verbindungsrohres zu starrer Antriebseinheit zwischen Hinterrad- und Vorderradantrieb verbunden (Transaxle)
Bremsen:	hydraulische Zweikreisbremsanlage mit vier innenbelüfteten Bremsscheiben, Bremskraftverstärker, ABS
Gewichte:	Leergewicht 1.450 kg; zul. Gesamtgewicht 1.790 kg
Fahrleistungen:	Beschleunigung von 0 auf 100 km/h in 5,7 s; Höchstgeschwindigkeit 260 km/h

Kraftstoffverbrauch:		l/100 km
	bei 90 km/h	8,0
	bei 120 km/h	9,5
	Stadtzyklus	17,9

Technische Daten 911 Carrera 2

Karosserie:	zweitürige Coupé-Targa-Cabriolet-Karosserie, Heckspoiler ausfahrbar
Motor:	luftgekühlter Sechszylinder-Viertakt-Boxermotor, Trokkensumpfschmierung, geregelter Dreiwege-Katalysator
Bohrung:	100 mm
Hub:	76,4 mm
Hubraum:	3.600 ccm
Verdichtung:	11,3 : 1
Motorleistung:	184 kW bei 6.100 U/min (250 PS)
max. Drehmoment:	310 Nm bei 4.800 U/min
Kraftübertragung:	Motor und Getriebe im Heck zu einer Antriebseinheit verschraubt
Bremsen:	hydraulische Zweikreisbremsanlage mit vier innenbelüfteten Bremsscheiben, Bremskraftverstärker, ABS
Gewichte:	Leergewicht 1.350 kg; zul. Gesamtgewicht 1.690 kg
Fahrleistungen:	Beschleunigung von 0 auf 100 km/h in 5,7 s; Höchstgeschwindigkeit 260 km/h

Kraftstoffverbrauch:		l/100 km
	bei 90 km/h	7,8
	bei 120 km/h	9,7
	Stadtzyklus	17,1

S-KK 97

S-KK 9786

Das Verdeck

Ein Porsche Carrera garantiert ein exklusives Fahrvergnügen; in welcher Form auch immer: als Coupé, Cabriolet oder Targa. Letzterer steht wegen seines vorbildlichen Designs im New Yorker Museum of Modern Art. Der Targa vereint die Charakteristik des geschlossenen Coupés mit der Möglichkeit des Open-air-Fahrens. Das Dach läßt sich mit wenigen Handgriffen abnehmen, während Heckscheibe und Rahmen fest mit der Karosserie verbunden bleiben. Der Targa-Bügel hat dabei die Funktion eines Überrollbügels. Das zusammengeklappte Verdeck läßt sich nun einfach im Gepäckraum unterbringen.

Für das Öffnen und Schließen des Daches beim Carrera-Cabriolet genügt ein kurzer Stopp am Straßenrand. Per Tastendruck verrichtet die Verdeckbetätigung schnell und zuverlässig ihren Dienst. Eine verlöschende Kontrollampe zeigt das Ende des Vorgangs an.

targa

44

Das Porsche-Interieur

46

Schalter und Bedienungselemente liegen übersichtlich vor dem Fahrer.

48

Die in allen Ebenen verstellbaren Sicherheitssitze sind nach den modernsten Erkenntnissen geformt.

Die automatische Alarmanlage

Im Carrera-Cockpit liegen die klassischen 911-Armaturen übersichtlich und leicht ablesbar vor dem Fahrer. Die Schalter und Bedienungselemente lassen sich ohne Ablenkung vom Fahren einfach handhaben.
Besondere Aufmerksamkeit widmete Porsche bei der Gestaltung des Interieurs dem Fahrer- und Beifahrersitz. Die Höhe der Sitze läßt sich elektrisch per Tastendruck um jeweils 40 Millimeter regulieren, entsprechend auch die Neigung der Sitzfläche. Elektrisch verstellbar sind die Sitze auch in der Längsachse und die Neigung der Rückenlehnen. Als Sonderausstattung stehen zur Verfügung: eine Sitzheizung und eine elektrisch einstellbare orthopädische Lordosenstütze zur Entlastung der Wirbelsäule. Denn funktioneller Komfort beugt Ermüdung vor und fördert die Fahrsicherheit.
Die Vorder- und Rücksitze sind mit Dreipunkt-Sicherheitsgurten ausgestattet.

Die Fondsitze bergen noch ein Geheimnis: Durch Umklappen der einzeln gesicherten Rückenlehnen entsteht ein zusätzlicher Stauraum zum Gepäckraum.
Zum weiteren Wohlbefinden des Fahrers und der Mitfahrer trägt die Heizungs- und Belüftungsanlage mit genauester Regulierungsautomatik bei.
Darüber hinaus verfügen alle Carrera-Modelle serienmäßig über eine wärmedämmende Verglasung. Als Sonderausstattung kann der Carrera-Besitzer eine leistungsstarke Klimaanlage wählen.
Ein serienmäßig eingebautes Zentralverriegelungs- und Alarmsystem schützt den Wagen vor Diebstahl. Beim Abschließen der Carrera-Türen schaltet es sich automatisch ein und sichert die beiden Seitentüren, Motor- und Fronthaube. Blinkende Leuchtdioden zeigen die Alarmbereitschaft an.

Carrera 4
S-KC 3798

Der Heckspoiler wird ab 80 km/h automatisch ausgefahren.

Die Liebe zum Detail

Stoßfänger an Front und Heck gewähren Aufprallschutz bis mind. 5 km/h und schützen gegen Steinschlag.

Nebelscheinwerfer sind serienmäßig.

Hochdruckpumpen reinigen die H4-Scheinwerfer.

Unter der Fronthaube läßt sich das Dach des Targas bequem verstauen.

Der Targabügel hat die Funktion eines Überrollbügels.

Für noch mehr Umweltfreundlichkeit: der serienmäßige Metallkatalysator.

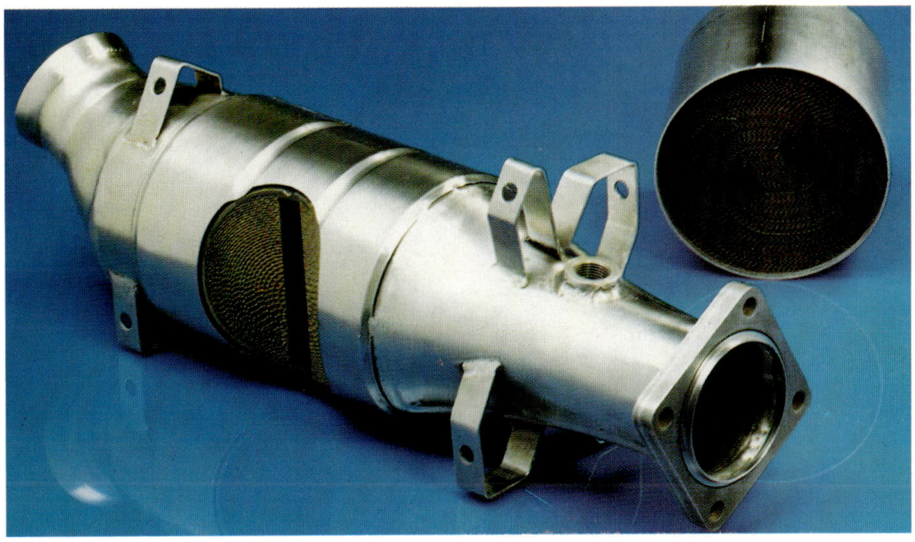

Carrera Cup Car

Die Sicherheitstests

BB

W 172